U0115851

黃埔軍校

THE TEN MAJOR NAME CARDS OF
LINGNAN CULTURE

目錄
CONTENTS

Huangpu Military Academy started its formal operations in 1924, a year of social upheaval when an appeal to "go to Huangpu" was widely circulated among the ardent youth of the time.

黃埔軍校的
緣起與興盛

一九二四年，黃埔軍校正式開學。那是一個天翻地覆的大時代，「到黃埔去！」成了一句在全國熱血青年中流行的口號。

孫中山步出黃埔軍校

黃埔軍校始建於一九二四年六月十六日，是孫中
山創辦的一所具有革命意義的軍事學校。軍校最
初的正式名稱為「陸軍軍官學校」，以「黃埔軍
校」聞名於世。黃埔軍校所在地為廣州黃埔區長
洲島，全島有八平方公里，四面環水，位當要
沖，是廣州城市東南方門戶，近代以來黃埔島
（長洲島）就是軍事與武學之地。

一九二三年八月十六日，孫中山派出以蔣介石為
團長的「孫逸仙代表團」，從上海前往莫斯科訪
問。蔣介石負擔起考察蘇聯軍事組織方面情況的

重任，他拜會了蘇聯革命軍事委員會副主席和紅軍總司令、參謀長，一起商討在中國建立軍事學校的計劃。還參觀了步兵團、步兵學校、軍用化學學校、高級射擊學校和海軍基地。

蔣介石還在蘇聯訪問期間，孫中山便在十一月二十六日的國民黨中執會第十次會議上，提出要成立國民革命軍軍官學校的設想，擬任命蔣介石為校長，廖仲愷為政治部主任。

以孫中山為總理的中國國民黨，打算以黃埔軍校

孫中山主持
黃埔軍校開
學典禮

為契機,開創現代中國的政黨與軍事的首次結合,也就是說,政黨依仗政治強勢力量,為推行政黨的政治路線、政治制度,締造和組建武裝力量甚至國家意義之軍隊,實現政黨既定的治理國家之最終目標。

黃埔軍校的創建,預示了現代中國政黨組織及其成員將進入軍校、軍隊乃至軍事領域。所有這一切的政治變革,反映了西方資本主義國家的政黨模式,參與甚或主導國家軍政事務之理念的開端。具有現代意義的政黨或政治勢力集團,第一次以社會「進步力量」的姿態,開始影響、作用和主導國家政體的走向與趨勢。

中國國民黨與中國共產黨，在一九二〇年代同時
崛起，成為影響並左右現代中國政治方向的兩個
最重要的現代政黨。它們就是從黃埔軍校開啟了
軍事與政治的合作。

經過幾個月的醞釀，一九二四年一月二十四日，
孫中山正式任命蔣介石為黃埔軍校籌備委員會委
員長，一九二四年二月一日任命王柏齡、李濟

創辦黃埔軍校時
的蔣介石

孫中山在黃埔軍校

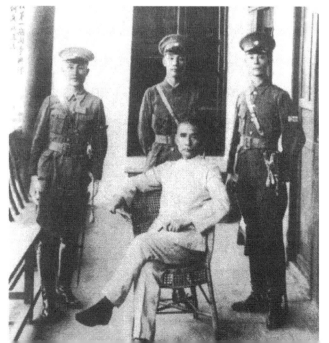

開學典禮後閱兵

深、沈應時、林振雄、俞飛鵬、宋榮昌、張家瑞為籌備委員會委員，即在省城南堤二號設立籌備處。二月六日籌備委員會正式成立，分設教授、教練、管理、軍需、軍醫五部，推定王柏齡、李濟深（由鄧演達代理）、林振雄、俞飛鵬、宋榮昌為臨時主任，分部辦公。

黃埔軍校籌備委員會隨後頒令：本校既以造就革命軍幹部為目的，故教練部極注意長官人選，以作學生模範。凡各方舉薦人員，先令填具履歷，再經詳細考察，然後任用。分隊長、副分隊長則就廣東省警衛軍講武堂暨西江講武堂畢業生中挑選。三月二十四日考試下級幹部。蔣介石對於下級幹部複試時施以訓話，獎勵其來校為黨犧牲之

校旗

決心，説明本校教職員需明瞭黨紀、軍紀及自己
之地位與責任。

黃埔軍校由孫中山任總理，廖仲愷任中國國民黨
黨代表，蔣介石任校長。軍校初創時設立校本部
六部，分別為政治、教授、訓練、管理、軍需和
軍醫部。軍事總教官為何應欽；政治部主任先後
為戴季陶、邵元沖、周恩來；教授部主任為王柏
齡；教練部主任為李濟深；軍需部主任為周駿
彥；管理部主任為林振雄；軍醫部主任為宋日
昌。

一九二四年三月開始招生，一九二四年三月二十
七日舉行第一期新生入學考試，四月二十八日放
榜，錄取學生編成四個隊。六月十六日舉行第一
期開學典禮。

六月十六日上午八時，孫中山、宋慶齡夫婦，乘
坐大本營電船「大南洋號」，由廣州河南的士敏

土廠（大元帥府），到達黃埔軍校，參加開學典禮。學生到者四百九十九人，廣東大學師生一百多人也到場觀禮。

上午十一時，典禮開始。先請黨旗、校旗就位，再請孫中山以兼校總理主持。奏國樂之後，全體學生高唱陸軍學校校歌：

莘莘學生，親愛精誠，三民主義，是我革命先聲。

孫中山在黃埔軍校

革命英雄，國民先鋒，再接再厲，繼續先烈成功。

同學同道，樂遵教導，終始生死，毋忘今日本校。

以血灑花，以校作家，臥薪嘗膽，努力建設中華。

然後全體人員一起唱《國民革命歌》。孫中山命胡漢民宣讀他親自為黃埔軍校撰寫的訓詞：

三民主義，吾黨所宗，以建民國，以進大同。

咨爾多士，為民先鋒，夙夜匪懈，主義是從！

孫中山在廣州北
校場閱兵

矢勤矢勇，必信必忠，一心一德，貫徹始終！

國民黨中央執行委員會的祝詞是：

三民五權，革命宗旨。誰歟實行，責在同志。民
國肇造，倏逾周紀。紛亂相尋，吾黨所恥。誓竭
血誠，與民更始。盡滌瑕穢，實現民治。軍校權
輿，國命所繫。魩魩諸君，忠義勇起。勤於所
事，以繼先烈，以式多士。披堅執銳，日進無
已。謹貢清言，願同生死。

當日炎陽高照，溽暑難熬，孫中山即命蔣介石將
會場移到陰涼之處。然後，他登台作《革命軍的

基礎在高深的學問》演說。儀式中，孫中山親手
將校印授予蔣介石。下午舉行閱兵式，全體學生
及教職官兵皆列隊受檢。至下午五時禮成。孫中
山即席揮毫，為軍校題詞：「親愛精誠」。

那是一個天翻地覆的大革命時代，許多年輕人在
軍國民思想的薰陶下，堅信軍隊是國家的神明，
振興民族的希望，只有槍桿子能夠救中國，因此
紛紛投筆從戎。千百年來「好鐵不打釘，好男不
當兵」的觀念，被完全顛覆，「到黃埔去！」成
了一句在全國熱血青年中流行的口號。

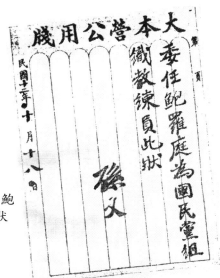

孫中山聘請鮑
羅廷的委任狀

孫中山與宋慶齡

一九二四年八月十四日軍校舉行第二期新生入學
考試。十一月十九日，湘軍講武堂學生一百五十
八人併入該校，編為第六隊。一九二五年九月六
日畢業，計四百四十九人。

一九二五年七月一日第三期開學，共分九個隊與
一個騎兵隊，不分科目。一九二六年一月十七日
畢業，計一千二百三十三人。

孫中山在廣州

一九二六年三月八日第四期開學，分步兵科、砲兵科、工兵科、經理科、政治科，共五個科。十月四日畢業，計二千六百四十五人。

一九二六年四月第五期開學，所分科目同第四期。一九二七年七月二十日轉至南京學習，八月十五日畢業，計一千四百八十人。

第六期分為廣州黃埔和南京兩地學習。

孫中山閱兵

黃埔軍校創辦初期，因為武器奇缺，大部分學員都是手無寸鐵，用木棍操練。後來，由蘇聯提供了人員、經費和軍械的支持。安・巴甫洛夫於一九二四年四月就任廣州大元帥府及黃埔軍校軍事總顧問，不久由加倫繼任軍事總顧問，先後有數十名蘇聯顧問派任黃埔軍校任軍事、政治教官；一九二四年十月蘇聯提供的首批軍援八千支步槍，其後又運來五批軍械裝備。

一九二六年一月廣州國民政府軍事委員會決定將國民革命軍各軍所辦軍事學校併入黃埔軍校，將

陸軍軍官學校改稱中央軍事政治學校，直隸國民
政府軍事委員會，由原來的軍事學校，擴大為軍
事與政治並重的軍官學校。一九二六年三月一日
中央軍事政治學校舉行成立典禮，蔣介石續任校
長，汪精衛任黨代表，李濟深任副校長。

黃埔軍校在規模與設置得到了不斷擴充完善的同
時，一九二五年十二月設立中央軍事政治學校潮
州分校，其後伴隨兩廣統一和北伐戰爭的推進，
相繼設立了南寧、長沙、武漢分校。在此期間，
由於國共合作的推動，黃埔軍校在軍事與政治並

15

校長蔣介石

重的辦學方面卓有成效，培養了大批軍事、政治
人才。特別是「黃埔一期」，以近半數學生成長
為將領名人，為後人稱頌為「優質辦學」的典
範。前六期學生中也湧現許多著名軍政人才，對
後來的國家軍政起到了重要的作用和影響。

黃埔軍校在一九二四年六月至一九二七年四月的
興起與發展，堪稱國共兩黨第一次合作的開端及
里程碑。它為長期封閉的現代中國軍事教育領
域，注入了先進的革命的軍事學術思想和軍事技
術知識。

黃埔軍校前六期生當中，許多在國共兩黨的軍隊
中擔當重任，成為獨當一面的將帥英才，不少還
在軍政機構參與戰略與策劃，不同程度地影響著
軍隊建設乃至戰爭進程，在國家軍事歷史上發揮
過極其重要的作用。

處於國民革命時期的黃埔軍校，推行政治教育與

黨代表廖仲愷

孫中山與軍校師生在一起

軍事訓練並重的教育方針,在軍隊中建立黨組織
和政治工作制度,這些後來都在中國共產黨領導
的人民軍隊得到繼承和發揚,成為發展和壯大的
有力法寶。

中華民族十四年抗日戰爭時期,賦予了黃埔軍校
師生新的歷史使命和民族重託。據資料統計顯
示:黃埔軍校本部第九至十一期學員畢業從軍之
際,正值抗日戰爭爆發前後,計有三千五百名畢
業學員派赴抗日前線作戰部隊擔任初級軍官,在
抗日戰爭初期作戰時犧牲巨大,約有百分之五十
的學員在抗日作戰中殉國。

孫中山在軍校開學
典禮上

抗日戰爭時期的黃埔軍校，作為基層作戰部隊初
級指揮及參謀人員的培養與輸送基地。黃埔學生
遍布許多作戰部隊，在期間發揮了中堅與主導作
用，直至抗日戰爭持續到最後勝利，其歷史與進
步作用應當給予肯定。

黃埔軍校從一九二四到一九四九年，一共舉辦了
二十三期，僅以黃埔軍校廣州、南京、成都校本
部計算，培養學生五萬三千五百九十一名，其中
抗日戰爭爆發前畢業學員有二萬五千三百八十三
名。因此可以推斷，絕大多數黃埔軍校學生經歷
了中華民族十四年抗日戰爭戰火考驗，他們用生
命和鮮血譜寫了抗日戰爭英雄詩篇，為了民族生
存和國家興亡所作出的巨大犧牲和突出貢獻，應
當得到歷史和後世的認可。

在中華民族生死攸關的十四年抗日戰爭中，相當數量的黃埔軍校各期生統率國家軍隊精銳之師，始終戰鬥在抗日戰場第一線並取得顯著戰果，這個歷史功績和作用應當得到承認。海峽兩岸的黃埔軍校歷屆師生，始終堅持「一個中國」並為之進行長期不懈的努力，始終站在中華民族統一復興和引領歷史潮頭和大勢，始終認定黃埔軍校是海峽兩岸同屬一個中國的現代詮釋，這一歷史事實是黃埔軍校廣大學員及其後人的可貴之處。

Sun Yat-sen believed that, as long as he could recruit revolutionary students to the Huangpu Military Academy, they would continue to fulfill his will and accomplish the cause that he had striven for over the past 40 years.

革命大本營的
「保護神」

孫中山相信，有了黃埔軍校
的革命學生，就一定可以繼
承他的未竟之志，完成他為
之奮鬥四十餘年的事業。

黃埔軍校的廣州時期（1924–1927），由中國國民黨選拔及使用的教官職員，後來有一大批中國共產黨人參與其中，這對於黃埔軍校乃至國民革命的蓬勃發展，起到了不容忽視的作用和影響。

早年的孫中山，受到西方資產階級民主政治的影響，中國的政黨從近代開始參與國家的政治規劃，包括政治設計和政治制度的比較與選擇。孫中山在一九一四年改組成立了中華革命黨，一九

政治部辦公室

二〇年代初演進為中國資產階級民主政黨——中
國國民黨。由此可以推測，從現代中國開始，政
黨才與軍事甚或軍隊發生了關聯。

一九二四年一月，中國國民黨一大在廣州召開，
標誌著作為中國資產階級民主政黨的中國國民
黨，進入到一個新的歷史時期。

創辦黃埔軍校，首要問題是解決辦學師資。期間
廣州地區周邊與省內各地，駐紮有許多受孫中山
指令和廣州革命政府領導的各省駐粵軍隊，如建
國湘軍、建國贛軍、建國滇軍、建國豫軍，以及
建國粵軍等部，還有後來叛亂的滇軍楊希閔部和
桂軍劉震寰部。這些以革命名義匯集廣東的各路
軍隊，許多下級軍官是響應革命而來的。因此，
在黃埔軍校招考下級幹部的公告發佈後，其中不
少人陸續被徵召入校，擔任校本部各類教職官
佐。

一九二四年孫中山在廣州

總理室

总理室

Premier Office

校總理孫中山常到軍校視察和演講，有時太晚了便在軍校過夜，翌晨才返回廣州。這是他辦公和小憩的地方，臥室在黃埔海關分卡辦公樓2樓。

孫中山告訴教官們：「做革命軍的學問，不是專從學問中求出來的，是從立志中發揚出來的。從前的革命黨，都沒有受過很多的軍事教育，諸君現在這個學校之內，至少還有六個月的訓練；從前的革命黨，只有手槍，諸君現在都有很好的長槍；從前革命黨發難，集合在一處地方的，最多不過是兩三百人，現在這個學校已經有了五百人。以諸君（教員）有這樣好的根本，如果是真有革命志氣，只用這五百人和五百支槍，便可做一件很大的革命事業。」

孫中山從認識武裝力量對政黨至關重要作用後，就十分重視黃埔軍校的創立和發展，從他一九二四年六月十六日參加黃埔軍校正式開學典禮，到一九二四年十一月十三日北上之前，前後共五次親臨黃埔軍校視察，每次演講都對黃埔軍校師生殷切寄語，諄諄教誨，拳拳之心，可昭日月。

一九二四年冬，孫中山扶病北上，準備與北洋政

府舉行國事會議。十一月十三日，孫中山的座艦
經過黃埔島時，最後巡視了一遍黃埔軍校。剛好
第一、二期學生在對岸漁珠砲臺進行戰術演習，
並做築城工事。孫中山在蔣介石的陪同下，親自
校閱，校閱完畢以後，孫中山對黃埔學生贊勉備
至。

孫中山對蔣介石說：「我這次到北京，明知道是
很危險的，然而我為的去革命，是為救國救民去
奮鬥，有何危險之可否呢？況今，我年已五十九

教官辦公室

黃埔軍校

孫中山與宋慶齡

歲了，亦已經到了死的時候了。」

當時蔣介石感到非常錯愕，因為孫中山平時性格開朗豁達，很少作這類傷感之語，蔣介石問：「先生今日何突作此言？」

孫中山說：「我是有所感而言的。我看見你這個黃埔軍校精神，一定能繼續我的革命事業。現在我死了，就可以安心瞑目了！如果前二三年，我就死不得。現在有這些學生，一定可以繼承我未竟之志，能夠奮鬥下去的。」

黃埔軍校駐省辦事處、中國青年軍人聯合會、黃埔軍校同學會舊址

三月十二日，孫中山在北京溘然長逝。三月二十二日，蔣介石率黃埔學生暨東征軍全體將士，在興寧戰地遙祭孫中山，為期七天。

一九二五年十月六日，在「廣東統一萬歲！」「祝革命軍旗開得勝！」的口號聲中，蔣介石率黃埔校軍再度出師東征。經過殘酷的戰鬥，終於攻克惠州，取得東征勝利。在祝捷會上，蔣介石說：「孫總理一生的遺恨，被我們東征軍洗刷了不少。我們革命軍是為革命而死，為黨而死，為主義而死，不但本身光榮，連大家都是光榮的。」

27

蔣介石向廣州中央黨部、國民政府報捷：「惠州
夙稱天險，有宋以來，從未能破；今為我革命軍
一鼓攻克，雖由將士奮勇用命，亦我先大元帥在
天之靈，有以佑之。」每個士兵犒賞銀洋一元，
豬肉四兩，全體官兵狂歡慶祝。

正當東征軍在惠州浴血苦戰之際，留守廣州的楊
希閔滇軍、劉震寰桂軍，卻趁後防空虛，發動叛

亂。一九二五年六月，東征的黃埔校軍回師廣
州，參加了平叛之役。六月十二日，氣勢如虹的
黃埔軍校教導團，配合粵軍第一旅、警衛軍，從
東面合力進攻沙河。攻克沙河後，兵分三路追
擊，教導團在左路，戰況最為激烈。教導團殺入
廣州市區後，占領觀音山，把滇軍趕出市區，其

參加六二三遊行的
黃埔軍校學員

後，黃埔學生又協助警察維持治安，搜捕散兵游
勇，保住了廣州這個革命的大本營。

一九二五年六月二十三日，廣東各界群眾十餘萬
人在東較場舉行援滬案示威大會。午後遊行，隊
伍到達沙面租界對岸的沙基時，租界的帝國主義

31

軍隊開槍掃射群眾，軍艦開炮助威，釀成死五十二人、重傷一百七十多人、輕傷無數的慘案。當時參加遊行的黃埔軍校官兵，雖未受命還擊，但他們也不肯輕易撤退，在掩護民眾撤離後，寧願全體坐在馬路邊，挺起胸膛迎接帝國主義的子彈，也不願輕離沙基而使黃埔校軍的光榮名字蒙羞。結果有十三名黃埔師生在慘案中死亡，最高官階為營長。

參加遊行的黃埔軍校學員隊伍

一九二六年一月，政府將沙基改築成馬路，定名
為六二三路，以作永久紀念。在「沙基慘案烈士
紀念碑」上，刻有四個大字：「毋忘此日」。

重建黄埔军校校本部记

1924年6月,孙中山先生在中国共产党和苏联帮助下于黄埔长洲岛创办的陆军军官学校,是培育革命军的新型军事政治学校,曾数度易名,通称黄埔军校,其在中国近代史和军事史上有重要地位,国务院于1988年公布军校旧址为全国重点文物保护单位。

校本部建筑原是清末陆军小学堂,筹办军校时略加修葺,并在门前增建欧陆式大门,上悬校名,其四进三路回廊相通的两层楼房,为军校各部办公授课和师生活动的主要场所,1938年被日机炸毁。

近年海内外人士热切呼吁修复军校旧址,在纪念孙中山先生诞辰130周年之际,广州市长洲文化旅游风景区开发建设领导小组于1996年5月决定并领导重建校本部。广州市文化局根据国家文物局批复的"原位原尺度原面貌"重建原则,组织调查,勘掘原基址,制定重建方案,由广州市黄埔建筑设计院设计,黄埔区建筑工程总公司承建,广州近代史博物馆复原室内陈设。6月16日奠基,8月4日动工,建筑面积10600平方米,耗资人二千余万元,由省、市政府拨款和社会人士捐助,重建工程得各方支持,终于在11月12日落成,以仰先驱,教育后人,是为记。

广州市人民政府立

一九九六年十一月十二日

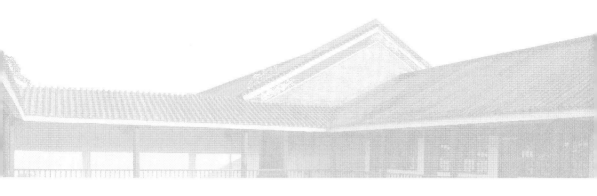

The team of instructors and training officers at the military academy gathered the elites of the two parties, nationalist and communist, who later became the "back" of the academy as well as the major force for the national revolution.

黃埔軍校的「脊樑」

黃埔軍校的教職員官佐隊伍相當強盛，集合了國共兩黨的菁英，他們是黃埔軍校的「脊樑」，也成了國民革命的「脊樑」。

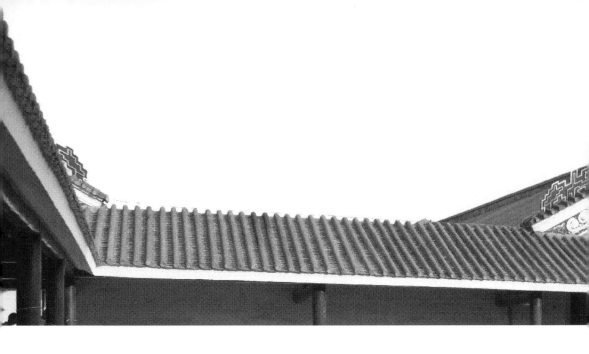

黃埔校軍之所以能在東征，平定楊、劉之役中，打出了黃埔的威風，有賴於孫中山的「辦校治軍思想」化為黃埔軍校的靈魂，培養出一大批傑出的領導人才，這些主導和掌握黃埔軍校的「教職員官佐（以下統稱教官）群體」，是黃埔軍校的「脊樑」。

黃埔軍校校本部從一九二四年六月正式成立至一九四九年十月遷移台灣，在大陸總共經歷了二十三期共二十五年時光，隨著軍事與戰局的發展，從黃埔軍校本身還繁衍發展出九所分校以及十數所專科兵種軍事學校。

教官們不僅駕馭和主導軍校，還帶領學生開創和

擴展了一支執政黨賴以生存的軍隊——國民革命軍，他們也是中國國民黨在大陸賴以創建、統領和駕馭國民革命軍的「脊樑」，可見「脊樑」的作用和影響有多麼重要。這個「脊樑」，對於中國共產黨和人民軍隊來講同樣重要，因為經歷黃埔軍校陶冶的教官們，對於後來的中國共產黨領導的工農武裝鬥爭，也起到了開天闢地的影響和作用。

在國民革命軍中的「黃埔系」，有「黃埔師系」和「黃埔生系」之分，前者由在黃埔校軍效力的教官、隊官以及軍校中的一部分軍官構成；後者則由黃埔軍校歷屆畢業生，特別是前六期畢業生構成。

黃埔軍校的教官出身、教育、背景有這樣一些特
點：

一是在軍事學科和術科方面的教官比例，保定陸
軍軍官學校生明顯高於其他軍校，陸軍大學生充
任教官的數量與比例次之，日本陸軍士官學校生
再次之，留學外國的陸軍大學生、雲南講武堂
生、東北講武堂生以及留學外國軍事專科學校
生，則處於第三群體。

二是黃埔軍校出身的教官，以百分之八十五點〇
六占據絕對優勢。黃埔軍校通過歷年自身培養的
學生，成長壯大為教官群體的主體部分，源自決
策當局的重視和培養，是加速軍隊乃至軍校「黃
埔化」的結果，也是民國歷史發展的必然趨勢；
國內其他軍事學校生，許多學員的第一軍校學歷
仍是黃埔軍校，而且這類學校不少後來成為黃埔
軍校派生的專科軍事學校。占據半壁山河的其他
軍事學校包括，清末民國初期創始於各地或由各
省軍閥創辦的武備學堂、講武堂、將弁學堂等
等。

三是民國時期科技與教育的發展，軍事教育逐漸

軍校的課本

融入了現代科學技術與自然科學常識。黃埔軍校從南京時期起，設立了包含上述內容的普通學科以及外國語訓練。與此同時，一大批留學國外著名高等院校生，回國擔當黃埔軍校自然科學學科教官；國內高等院校生及專科院校生，也大批進入黃埔軍校任教官，其中不少人還擔當門類繁多的政治教官；擔當教官的另一群體，是黃埔軍校自身培訓的高等教育班生，這部分人主要由服務於各地方軍閥部隊，具有實戰經驗和軍事術科的職業軍人，進入黃埔軍校短期學習訓練後留任教官。一時間形成菁英薈萃、群星熠熠的盛況。

在廣州黃埔軍校時期和武漢分校成立半年多的時

間裡，以中共黨員為主體的政治教官群體，一段
時期幾乎把持了軍校的政治主導方向。這種情形
說明，以周恩來為首的軍校政治教官隊伍，開創
了軍校政治工作的新局面，周恩來更是從進入黃
埔軍校任職的第一天起，就十分重視軍校政治工
作，充分發揮了政治教官對軍校的政治導向作
用，並且將中國共產黨的政治主張與策略，貫穿
於軍校與政治相關的所有工作中去。

周恩來等一批中國共產黨人在軍校乃至國民革命

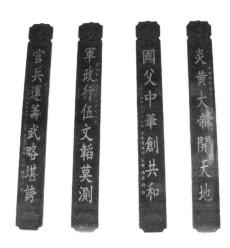

軍校內的楹聯

軍中的政治工作，是卓有成效並具有強大政治震
撼力的，為中國共產黨後來掌握並控制武裝力
量，以及紅軍、八路軍、新四軍、解放軍的政治
工作，提供了理論與實踐的成功經驗，這些對於
處於建黨初期的中國共產黨人來說是至關重要
的。

廣州黃埔軍校時期，以中共為主並有部分民主人
士參與的政治教官隊伍，在當時是較為龐大和強
勢的教官群體。它集中了中國共產黨當時最為優
秀的政治和社會活動家和軍隊領導者，例如：政
治部主任周恩來、教授部副主任葉劍英，由當時

黃埔軍校的「脊樑」

政治部主任
周恩來

報載為政治教官的毛澤東。毛澤東在第一次國共
合作時期，曾在上海主持黃埔軍校第一期學員招
生考試事宜。以及李富春、董必武、陳毅、聶榮
臻等一批後來成為黨和國家、軍隊領導人的政治
教官。

軍事與軍事教育都是戰爭現象之反映，軍事教育
則是軍事活動的組成部分，是軍隊建設的中心任
務，是戰爭準備的重要內容，是執行國家意志、
建設國防和贏得戰爭而採取的基本政策。軍事教
育將軍事與政治教育作為教育的主體，包括培養
軍人和軍官群體掌握作戰技術的訓練養成教育，

教授部副主任葉劍英

掌握軍事政治、科學技術、文化體育、作風訓練等方面內容，上述凡此種種，都須經教官組織實施。

黃埔軍校從一九二四年六月成立開始，一直是中國國民黨施行軍事教育的規模最大和主要軍校之一。隨著軍事與戰局的發展，軍事教育和軍事訓練的內容不斷擴展和深化，形成了一整套軍事教育與訓練制度。

上述目標的實施，直接表現在軍校的各類教官設置和教學科目，隨著軍校發展擴張而形式豐富多樣。特別是在軍校遷移南京後十年和抗日戰爭爆發後，軍校教育更在軍事教育現代化的推動下，為適應和應對戰爭，為抗日戰爭培養軍官，教官在教學內容和形式上不斷擴充，教官的種類和名稱也五花八門、名目繁多。據初步統計：軍事學科和術科教官有四十五種，普通學科（自然科學）各科教官有四十八種。特別是普通學科教

官，為軍校教育注入了現代科技進步的信息，普通學科作為自然科學及科學技術範疇，豐富了民國時期軍事教育內容。

孫中山創辦黃埔軍校的宗旨和目標，就是按照蘇聯式樣建立「革命軍」和培養軍事骨幹，建立一支真正意義的國民革命軍隊，來拯救中華民族與國家的危亡。根據這一辦學宗旨和目標，黃埔軍校採取了與舊式軍校根本不同的組織制度和教育訓練方法，顯示出新型軍事學校的鮮明特點：一是實行黨代表制度；二是建立政治工作制度；三是堅持軍事和政治訓練並重、學校教育與社會實踐緊密結合的辦學方針。以蘇聯人為代表的顧

長洲島碼頭

總顧問鮑
羅廷

問、教官群體，確實為大革命時期的國共兩黨，
培養了眾多有主義信仰、有先進軍事知識、有實
戰能力的革命軍骨幹。

從現存資料記載，外國人在軍校任教官的為數不
多，據不完全統計約四十七名。北伐國民革命時
期，孫中山師法蘇俄模式、以政黨主旨倡導組建
革命軍的理論和實踐，也是政黨軍隊一體化的最
初嘗試。這時期主要是蘇聯教官，當時駐廣州的
蘇聯顧問加倫指出：「經我們提議，並由我們出
錢（出武器），於一九二四年初在黃埔創辦了一
所下級軍官學校。學校從創辦至教學，始終有俄
國教官直接參加。」

可見，蘇聯顧問在大革命時期對廣州的黃埔軍校
創建與發展，對中國國民黨大力發展軍事力量，
起過重要的作用。已知曾任軍校顧問教官的有十
四名，其中最為著名的是總顧問鮑羅廷、軍事顧
問加倫。另外，在國民革命軍各總部和軍、師中
擔任顧問的還有近百名蘇聯軍官和文職人員。

與此同時，還有一大批韓國、朝鮮學生進入黃埔
軍校學習，但是作為軍官擔任黃埔軍校教官的，
只有十三名韓國人和朝鮮人，其中最著名的是崔
庸健和李范奭。從一九三〇年夏起，已經遷移南
京的中央陸軍軍官學校，主要是聘請了一批德國
軍官，擔任各個軍事學科顧問，這時期計有十二
名德國顧問，此外廣東軍事政治學校聘任有兩名
德國顧問，合計有十四名。越南人進入黃埔軍校
擔任教官的，現存資料記載不多，最著名的是曾
任越南人民軍總司令的武元甲大將。

At the gate of the Huangpu Military Academy there used to be a couplet meaning "The comers for official promotion and wealth shall take other routes while the cowards are not allowed to enter the gate." In fact, it was a revolutionary cradle for the two parties, both nationalist and communist.

「貪生畏死
莫入斯門」

黃埔軍校門口有一副對聯：
「陞官發財請走他路，貪生
畏死莫入斯門」。國共兩黨
都把最優秀的子弟送到這個
革命搖籃中。

教練部副主任鄧
演達和蘇聯顧問
在武昌

昔日黃埔軍校門口有一副著名對聯：「陞官發財
請走他路，貪生畏死莫入斯門」，橫批「革命者
來」。吸引了全國無數熱血青年投奔廣東、投奔
黃埔而來。

孫中山關於創辦黃埔軍校暨第一期生的闡述：
「革命軍是救國救民的軍人，諸君都是將來革命
軍的骨幹，都擔負得救國救民的責任，便要從今
天起，先在學問上加倍去奮鬥；將來畢業之後，
組織革命軍……所以要諸君不怕死，步革命先烈
的後塵，更要用這五百人做基礎，造成我理想上
的革命軍。有了這種理想上的革命軍，我們的革

命便可以大功告成，中國便可以挽救，四萬萬人
便不致滅亡。所以革命事業，就是救國救民。我
一生革命，便是擔負這種責任。諸君都到這個學
校內來求學，我要求諸君，便從今天起，共同擔
負這種責任。」

會議室

宿舍

廣東是孫中山進行辛亥革命和國民革命運動的中心和策源地，孫中山及其革命黨人在廣東有著深厚的政治基礎和社會影響，早期執政於廣東的中國國民黨，更是以廣東為根據地，造成了「革命大勢」。

近百年來古今中外軍事教育史，沒有一所初級軍官學校的學員招生，會驚動並引起政黨、軍界乃至政治家、軍隊將領、社會各界名流的共同關注，親自履行推薦介紹入學和參與招生職責，黃埔軍校可算是第一例。

一九二四年一月二十日，中國國民黨第一次全國

代表大會在廣州召開，孫中山致開會辭時明確提出：「我們現在得了廣州一片乾淨土，集合各省同志，聚會一堂，是一個很難得的機會……革命軍起，革命黨成。」「唯當時各省多在軍閥鐵蹄之下，不易公開招生，故預先委託本黨第一次全國代表大會代表回籍後代為招生。」

據此，中國國民黨第一次全國代表大會代表，以及各中央執行委員、監察委員們，驟然擔負起為黃埔軍校推薦與招收學員之重要使命。雖然，我

孫中山在檢閱
軍校學生

們今天無從獲知：當年推薦或介紹學生入學，究竟履行怎樣手續或簽署填寫了哪些文件，也就是說，他們究竟有多大的能量或作用，影響並左右青年學子決定千里迢迢奔赴廣州報考黃埔軍校。但是，中國國民黨一大代表及其早期領導人，確實在當時的特殊歷史條件下，起到過重要的作用與影響。

中國國民黨一大代表和第一屆中央執行委員會組成人員的大多數人，奉命返回本省的中國國民黨地方領導人，在其活動的區域內，開展了祕密或半祕密狀態的黃埔軍校學員招生和推薦報考事宜，在這種情形下，形成了黃埔軍校的生源是來自全國各地四面八方的效應。

於是，被推薦報考黃埔軍校的青年，在此前後也相繼辦理了加入中國國民黨的必要手續，儘管此時的中國國民黨地方組織尚未建立完善，人員尚未充實，但是，一九二〇年代初期的中國社會與

飯堂

老百姓當中，中國國民黨的知名度和影響力連同
號召力，確實比組建之初和萌芽狀態的中國共產
黨要超前許多，這是一個必須面對的歷史事實。
在國共合作的特殊歷史情況下，一些中國共產黨
的早期領導人成為第一期生填報加入中國國民黨
的介紹人，從另一側面反映了當時的某些歷史特
徵。

從第一期生填寫的「詳細調查表」關於「介紹人
欄」具體內容分析，中國國民黨一大代表總計有
一百九十七名，其中有七十六名參與介紹學員入

57

學，占代表總數之百分之三十八點六；中國國民黨一大產生的中央執行委員、候補執行委員、中央監察委員、候補監察委員共計五十一名，其中有二十六名參與介紹學員入學，占所有委員之百分之五十一。兩項數據指標均超過了三分之一或一半。可見，中國國民黨一大代表和兩個中央機構組成成員中，參與推薦和介紹之比例是相當高的。

校舍

辛亥革命資深元老于右任，以其德高望重、慈祥
寬厚的人望，獲得第一期生廣泛擁戴，入學推薦
「介紹人欄」竟有七十六名學員填寫了于右任，
占學員總數百分之十點八；中國國民黨湖南元老
級資深人物譚延闓，填寫他為介紹人的十七名第
一期生均是湖南省籍，鄉情親緣和地域觀念此時
發生了明顯功效；中國國民黨一大代表、北京大
學教授譚熙鴻居於第三位，計有十二人填寫其為
介紹人，譚熙鴻當年在北京是威望較高、享有盛
譽的著名教授，受到年輕一代的第一期生敬重和
推崇，因此他作為介紹人是當之無愧的。

綜觀上述，至少可以看到以下幾方面突出特點：

一是當時所有最著名的中國國民黨早期領導人，
都直接參與了第一期學員舉薦和介紹事宜。

二是國民黨各地知名組織者或領導人，對招收原
籍學員入學同樣起到重要的作用。

總教官何應欽

三是一批具有國民革命思想的高級將領，推薦所屬部隊初級軍官轉入黃埔軍校學習，也起到積極推進作用。

四是部分中國國民黨一大代表，雖然沒有直接介紹學員入學，但對軍校招生和建設諸方面，起到了重大作用與影響。例如：程潛是孫中山指派國民黨一大湖南省代表，當時任廣州大本營軍政部部長，在湖南軍政界、學界有著廣泛影響，其主持開辦的大本營軍政部陸軍講武學校以及第一期學員，被編為第六隊後確認為第一期生資格，這

批學員後來成為第一期生中最有影響和重要的組
成部分。

中國共產黨早期的著名領導人，許多都參與了黃
埔軍校第一期生入學推薦與招生事宜。從歸納情
況顯示，參與推薦第一期生入學以及招生事宜的
中國共產黨早期領導人及民主人士有四十一人，
被推薦介紹入學的第一期生累計有一百二十三
人，占第一期學員總數的百分之十七左右。這就
最為充分、直接和真實地反映出黃埔軍校是國共

宿舍

兩黨共同創建這一歷史事實。如果將眾多在現代
中國叱吒風雲的歷史人物活動，統一定格在一九
二四年上半年廣州（廣東）這一特定歷史環境之
中，在今天看來仍舊是震撼中國、影響深遠的一
代中華民族菁英群體之偉大壯舉。

一九二三年起，由中國共產黨直接領導下的高等
學校——上海大學，承擔了上海周邊鄰近各省第
一期生報名、投考、複試和招生事宜。該校是一
九二二年十月二十二日由私立東南高等師範專科
學校擴大成立的，一九二三年初起名義上由于右

任兼任校長，實際上是中共祕密黨員邵力子任代
理校長並主持校務，一九二三年四月鄧中夏任校
務長，實際主持校務工作，總務長為楊明齋，教
務長為瞿秋白，一批中國共產黨擔任該校教員。

上海大學在一九二四年前後實際是中國共產黨培
養幹部儲備人才的重要陣地。正因為該校在當時
的影響力和進步作用，辛亥革命先驅于右任，憑
藉這塊「金字招牌」和「紅色陣地」，成為聲譽
和威望最為廣泛、推薦學員最多的國民黨早期著
名領導人。

根據史料顯示，毛澤東同志當年也在上海大學負責黃埔軍校第一期生複試工作，並且有六名湖南省籍第一期生，填寫毛澤東為入學介紹人，説明毛澤東當年在北京學習的進步學生和湖南省籍革命青年當中，享有較高威信和名聲，蔣先云和趙枬是由毛澤東介紹加入中國共產黨的，李漢藩、伍文生、張際春青年時代追求真理和參加革命，也是由毛澤東做他們的啟蒙教師和革命引路人。

黃埔軍校現在成為愛國主義教育基地

第一期生自填的入學介紹人，無論是以哪那種思維方式進行填寫，都是以對介紹人的慕名與崇敬心態填報的，同時也反映出推薦入學介紹人在當時社會之知名度、影響力和威望。例如：中國共產黨早期卓越領導人李大釗，作為中國共產黨和中國國民黨北方區主要負責人之一，受到曾在北京學習和活動的第一期生的敬重和擁戴，共有十三名填寫李大釗為入學介紹人；當年粵軍著名將領，中國人民解放軍創建人、領導人和軍事家葉劍英，也成為五名廣東省籍客家青年填寫的入學介紹人。

此外，還有一大批中國共產黨早期地方領導人以及進步民主人士，均在其開展革命活動和享有聲望的區域，對所在地進步青年和學生產生了不可低估的感召和影響作用，因此紛紛成為所在地第一期生填寫入學介紹人的最佳人選，並在「詳細調查表」中留下了永久閃耀的記錄。也為中國共產黨在黃埔軍校發展史上留下了永不褪色的珍貴史實。

The Huangpu Military Academy trained and educated the first generation of military officers for the Chinese revolution. At the beginning of the founding of the People's Republic of China, 53 of all the PLA generals and commanders were graduates of the academy.

將星熠熠
出黃埔

黃埔軍校為中國革命訓練與
培養了第一代軍事領導人
才，新中國成立之初，在解
放軍的將帥中，有五十三人
是出自黃埔的。

作為黃埔軍校「脊樑」的教官群體，在軍校發展
的第一時期就成為執政黨、國家和軍隊的領導集
團，並且繼續發揮「教官群體」培植與繁衍的效
應，顯然是與它所具有的領導者素質分不開的。

黃埔軍校教官群體，一部分是由當時中國幾所著
名軍校培養出來的表現最突出的群體，還有一部
分是由留學外國高等院校和軍事專科學校的「海
歸派」組成的。就是這一特殊群體，為中國國民
黨培植了源源不斷的軍官人才，同時在民國軍事
教育史上留下了濃重的痕跡。

孫中山創辦黃埔軍校的初衷，就是為了建立一支
「革命黨領導的革命軍」。史實已充分證明，中
國國民黨在現代中國取得執政地位，國民革命軍
的組建、發展與擴張，均離不開黃埔軍校教官群
體的參與和奮鬥。在黃埔軍校教官群體中，以總
理孫中山及黨代表廖仲愷為首，集聚了北伐國民
革命時期乃至國民黨執政時期最主要的政治家、
理論家及社會活動家。他們當中有：胡漢民、汪
精衛、戴季陶、邵元沖、吳稚暉、譚延闓、陳立
夫、甘乃光、陶希聖、劉健群等。在國民黨賴以
生存的軍隊——國民革命軍的發展與擴張，更是
在黃埔軍校教官群體的謀劃與指揮下實現的。

在國民革命軍高級將領群體的核心層中，據統計
絕大多數出自黃埔軍校。在校長蔣介石最倚重的
所謂「八大金剛」——何應欽、陳誠、劉峙、顧
祝同、錢大鈞、陳繼承、蔣鼎文、張治中，無一
例外是黃埔軍校教官出身，而且除張治中屬第三
期入黃埔軍校任教官外，其餘七人均為第一期教

官出身。國民革命軍創建雛形是黃埔軍校教導一團，作為「八大金剛」也無一例外都曾在教導團任職，並於一九二七年第一期北伐完成時，「八大金剛」中除陳誠稍後些外，另七人都做到了軍長以上高級將領。及至十年內戰、抗日戰爭時期，除陳繼承還留任中央陸軍軍官學校教育長外，其餘七人均成為軍政統治核心層首腦及戰區司令長官、封疆大吏。因此，由黃埔軍校教官群體形成的核心統率層，實際也是國民黨及國民革命軍的最高決策集團。

從一九三五年四月起，南京國民政府軍事委員會以中央政府最高軍事機關名義，正式將國民革命軍各級軍官軍銜任命權納入中央統轄的任免程序。根據《國民政府公報》記載，在一九三五年四月至一九四九年九月期間，總計任命有少將以上將官四千四百六十一名。其中：任上將（包括特級上將、一級上將、二級上將及上將、加上將銜）有一百三十三名。

在黃埔軍校教官（校務委員）群體中，任上將的
有四十四名，占獲任上將總數百分之三十三點
一。其中任特級上將一名：蔣介石；任一級上將
有十一名：何應欽、陳誠、馮玉祥、閻錫山、唐
生智、張學良、李宗仁、白崇禧、朱培德、劉
湘、陳濟棠等；任二級上將有十二名：鄧錫侯、
龍云、劉峙、何鍵、余漢謀、張治中、徐永昌、
顧祝同、商震、程潛、蔣鼎文、薛岳等；任上將
及上將銜有十八名：方策、盧漢、劉興、劉戡、
劉士毅、劉建緒、湯恩伯、李品仙、李濟深、陳
銘樞、俞飛鵬、胡宗南、唐淮源、夏威、錢大
鈞、黃紹竑、黃慕松、廖磊等；任中將的有一百
六十六名。

孫中山與蔣介石

黃埔軍校教官出身的將領群體，在軍政界始終占
有重要分量。在當時非黃埔出身的軍官，能進入
黃埔軍校任職任教，與黃埔軍校前六期畢業生，
同樣具有「黃袍加身」效應，無不視作晉陞資歷
的捷徑。無論他是正兒八經「黃埔嫡系」中央軍

71

序列，還是被蔣介石出於某種考慮或謀劃，任命
為「中央陸軍軍官學校校務委員」，或是偶然機
遇獲任黃埔軍校分校其他頭銜者，無一例外被打
上了「黃埔」印記。

黃埔軍校在大革命時期是一所以培養軍事、政治
人才，建立革命軍隊為宗旨的軍事政治學校，從
一九二四年起至一九四九年的二十五年中，黃埔
軍校又是培養國民革命軍（包括中央嫡系、半嫡
系和地方軍系）初級軍官和加速地方軍隊中央化
兩大功能的國民黨獨家軍事學校。

在軍事活動中，往往直接將少數統帥、將領等代
表人物推到前台，讓他們名聲顯赫，打上深深的
歷史印記。每個國家或執政黨的軍隊，都需要有
自己的統帥、將領。如果沒有這樣的統帥和將
領，它就要創造出這些「引領歷史潮頭」的統帥
和將領，這是被驗證的歷史必然現象。偉大的革
命鬥爭和戰爭總會造就偉大的軍事人物，順應歷

史潮流的執政黨或政府也可取得階段性的成果。

黃埔軍校在一九二〇年代中後期這段歷史轉折關頭，對國民黨及其軍隊——國民革命軍起到了至關重要的作用。同樣，對於同時發展壯大的中國共產黨而言，黃埔軍校也訓練與培養了第一代軍

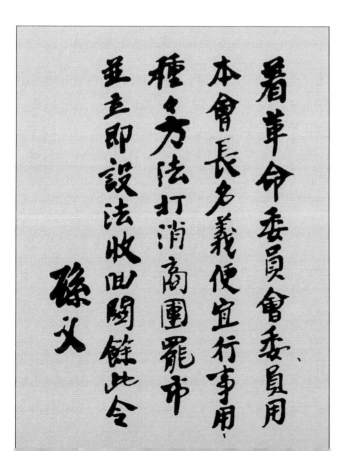

事領導人才。毛澤東同志曾指出：「第一次大革命時有一個黃埔，它的學生成為當時革命的領導力量。」從古今中外的軍事歷史加以考察，從來沒有一所軍事學校，對先後執政的國共兩黨的發展與成長，產生過至關重要的歷史作用，對於中國國民黨和國民革命軍尤為甚之。

綜觀黃埔軍校教官史蹟，在第一時期北伐國民革命大勢下，國共雙方都選拔優秀的教官任教，而

黃埔軍校第一期
優等畢業生

且雙方的顯要人物都成為國共兩黨和軍隊的主要領導者。因此可以證實，國共雙方派出的重要成員所組成的黃埔軍校教學陣容是出色的，在當時無疑是歷史與社會的進步。

雖然在各自陣營裡難免魚目混珠摻入渣滓，但總體上看，軍校教學陣容仍不失為順應時代進步潮流、軍事與政治結合、文武俱優的教學領導班子，因此才能名聲顯赫、影響久遠、舉世矚目，至今仍被稱譽為世界著名軍校，也是國共兩黨實行合作的結果。

黃埔軍校在以後的三個時期，主要是奉行國民黨一黨專制政策，軍校發展成為鞏固政權、強化軍隊的軍事教育和訓練基地。在抗日戰爭爆發後，黃埔軍校為前線作戰部隊培訓、輸送和補充初級軍官，為抗日戰爭正面戰場提供了源源不斷的生力軍，從這個意義上講，黃埔軍校有其進步和應予肯定的一面。

校訓
親愛精誠
蔣中正

黃埔軍校作為現代中國著名的陸軍軍官學校，為
中國現代軍事歷史培養了一大批優秀軍政人才。
黃埔軍校也是中國共產黨人從事革命武裝鬥爭的
開始，在中國共產黨領導的工農紅軍、八路軍、
新四軍以及人民解放軍的軍事將領中，擔任正軍
職以上職務的黃埔師生就超過四十人。

那麼，當時在黃埔軍校內，究竟有多少中共黨員
呢？黃埔軍校的中共黨組織，在校內是不公開
的，除個別領導幹部（如黃埔軍校政治部主任熊
雄等）公開身分外，絕大多數中共黨員身分是祕
密的。

根據《毛澤東年譜》記載：中山艦事件時「黃埔
有五百餘黨員」。截至一九二七年春以前，在黃
埔軍校前六期學習或工作過的中共黨員有千人左
右。因此，在中共黨史乃至中國人民解放軍歷史
上，黃埔軍校是具有其重要的歷史地位的。

教官辦公室

黃埔同學會最早成立於一九二六年，凡屬黃埔軍
校學生，均為當然會員，由同學會負責登記考核
之責。凡畢業同學的任免和陞遷調補等等，均須
根據同學會的登記考核來決定。當時的中共黨員
蔣先云説：「同學會是要團結精神、統一意志，
要把黃埔造成革命力量的中心。我們要把同學會
由黃埔擴充到全國，成為革命的中心力量。」

一九四一年十月四日，在共產黨領導下的延安，
也成立了黃埔同學會分會，這是中國共產黨為促

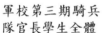

軍校第三期騎兵
隊官長學生全體

進團結抗戰事業而建立的組織。成立大會召開
時，在延安的第一期生徐向前與黃埔師生百餘人
出席會議。大會主席團主席徐向前在開幕式中指
出：「黃埔有革命的光榮歷史與優良傳統，為發
揚黃埔傳統精神，而更加推動革命工作，成立同
學會極為必要。」延安黃埔同學會分會在致蔣介
石校長電文中稱：「學生等為了團結抗戰⋯⋯一
致通過加強黃埔同學的團結，促進全國抗戰，努
力研究軍事學術。」

聶榮臻　　　　　　　羅瑞卿　　　　　　　徐向前

大會選舉產生了十五名理事：徐向前、蕭克、林彪、左權、陳賡、羅瑞卿、陳宏謨、郭化若、陶鑄、許光達、陳伯鈞、宋時輪、呂文遠、曾希聖、吳奚如，徐向前當選為延安黃埔同學會分會主席。

中華人民共和國成立後，當年的黃埔同學擔任中央人民政府部長、副部長以及地方黨政要職的多

陳賡　　　　　　　　　陳毅

達數百人以上。在中華人民共和國開國將帥中，
更有許多黃埔軍校師生身影。究竟中國人民解放
軍有多少開國將帥是出自黃埔軍校，較為普遍的
說法是五十三人：

元帥五人：林彪、陳毅、徐向前、聶榮臻、葉劍
英。

大將三人：陳賡、羅瑞卿、許光達。

上將十人：蕭克、周士第、陳明仁、陳奇涵、張宗遜、楊至誠、宋時輪、陳伯鈞、郭天民、陳士榘。

中將十二人：閻揆要、彭明治、常乾坤、唐天際、曾澤生、倪志亮、郭化若、莫文驊、譚希林、王諍、何德全、韓練成。

少將二十三人：袁也烈、曹廣化、李逸民、方之中、洪水、廖運周、張開荊、周文在、高存信、戴正華、魏鎮、張希欽、陳銳霆、王啟明、王興綱、陶漢章、張學思、白天、徐介藩、王作堯、吳克之、朱家璧、黎原。

擔任黨和國家（地方）重要領導職務的有：李富春、郭沫若、沈雁冰、蔡暢、許德珩、王崑崙、季方、成仿吾、陽翰笙、雷經天、程子華、袁仲

賢、陶鑄、吳溉之、曾希聖、張如屏、王世英、
蔡樹彬、周仲英、劉型、陳漫遠、潘朔端、章夷
白等。

曾擔任過軍校教官（講師）的還有：張崧年、包
惠僧、陳啟修、陳其瑗、蕭楚女、張秋人、於樹
德、安體誠、李合林、廖劃平、高語罕、施復
亮、李達、鐘復光、章伯鈞、郭冠傑等。

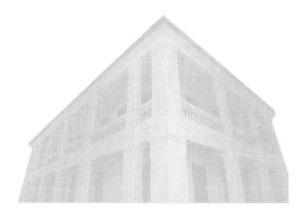

The early six rounds of Huangpu students were confronted with political and war ordeals as well various path selections, which presented them with the chance to grow up only one way.

在戰爭中
成長起來

黃埔軍校前六期生還未走出
校門，即面臨著政治、戰爭
的考驗與抉擇，這成了他們
的一種成長機遇，也是成長
的必由之路。

從黃埔軍校的歷史，我們可以看出一些規律性和傾向性的端倪：

一是政治傾向方面，歷史上的軍事教育機構，似乎從未表現出比較明顯的政治方面原因的傾向，到了辛亥革命以後，隨著西方民主政治觀念的傳入，才開始有了滋生政黨的土壤。真正具有組織、目標現代意義以及政治路線的政黨誕生，大致是從孫中山組建中華革命黨為開端，到了改組後的中國國民黨，政黨與執政的結合才表現出明顯的政治傾向現實性和功利性。

中國國民黨和中國共產黨是中國現代社會幾乎同

時崛起的兩大政黨，然而在一九二〇年代初期，
中國國民黨因為有了民主革命先驅者孫中山，因
此在第一期生推薦和招生方面之政治傾向，起著
主導作用和影響的因素還是來自於中國國民黨。

二是地域鄉情方面，在過去舊中國，凡是涉及社
會基礎和人文變遷的事情，都會與此發生關聯。
在封閉而禁錮的封建社會形態中，倚仗本地宗族
親緣、朋黨親友、地域鄉情滋生的地方勢力，以
及逐漸擴張和膨脹的宗族勢力集團，影響和滲透
著社會組織的方方面面，特別是在軍閥、集團、
派系、會黨甚至政黨結成的年代，地域鄉情更是
無孔不入地深入侵蝕社會生活的各個角落。第一
期生的舉薦、介紹和招生，同樣貫穿著這張有形
無形之網絡，幾乎可以肯定，所有學員的推薦、
介紹、投考和入學的緣由均與此有關。

三是部屬延攬方面，有相當一部分第一期生，具
有學前社會經歷和任職，這種服務社會和任職經

歷，使得他們有機會與社會流行或時髦的事物發
生聯繫，特別是他們曾經服役和任職的駐粵外省
軍隊，由於長官的引薦和提攜，一部分第一期生
是通過部屬延攬途徑進入黃埔軍校學習。

四是師生舉薦方面，第一期生有相當部分人的文
化教育程度較高，經歷過各個階段學歷或專科教
育的學員也不在少數，當年各地從事文化教育事

校舍

業的教授、學者和社會名流,實際也是當時國民
革命運動的開拓者、先驅者或引領人,這種師生
關係或者文化教育層面的求學關係,也使得第一
期生進入黃埔軍校的機遇相當高。因此,通過師
生或求學關係入學者也不在少數。

黃埔軍校從第一期生舉薦與招生開始,其後五期
的招生事宜,亦大致循序進行。

從歷史現象進行考察,黃埔軍校前六期生還未走
出校門,即面臨著政治、戰爭的考驗和抉擇,而
政治、戰爭同時又成為前六期生的一種成長機
遇,也是成長的必由之路。

在那個充滿著歷史變革和政治抉擇的年代裡，無
論是中國國民黨前六期生，抑或中國共產黨前六
期生都是概莫能外。當成長的磨礪過程成為戰爭
的機遇和運氣時，歷史終於造就了黃埔軍校前六
期生將帥群體、英雄群體、「名人部落」或是
「大浪淘沙」中的「優勝劣汰」。

黃埔軍校第一期生對教導團、黨軍組建與發展的
作用和影響。

按照傳統的說法，以黃埔軍校第一期學生為下級
軍官骨幹組建的教導團（第一團和第二團），是
中國國民黨黨軍之前身，是國民革命軍第一軍的
骨幹和基礎，同時也是所謂「中央軍」或「黃埔
嫡系」中央武裝部隊的沿革或延伸。「黃埔校
軍」，更是中國國民黨在一九二〇年代中期至一
九四〇年代末期冠以「國家名義」武裝力量任意
擴張和發展的代名詞。

《中央陸軍軍官學校史稿》載有：「教導兩團之二級官長均是第一期畢業學生，中級官長多由本校軍官教官及第一期學生隊原有官長任之。」黃埔軍校教導第一團和教導第二團的初級軍官，幾乎清一色是第一期生。在一百七十一人的任職任教名單中，共有三分之一的第一期生，先後在兩個教導團履任初級軍官，說明第一期生構成了黃

埔軍校教導一、二團的主幹力量,而教導團被稱
為中國國民黨「黨軍」之發源與開端,如蔣介石
於一九二五年三月二十七日在興寧縣城東門外對
教導團所稱:「我們黃埔軍官學校教導團,是將
來中國革命軍主幹的軍隊。」由此而來,第一期
生也就成了「黨軍」第一批初級指揮官。

據不完全統計,第一期生中的大部分學員,在北
伐國民革命時期先後置身於由「黨軍」膨脹和擴
張起來的國民革命軍第一軍,由該軍擴充或統轄
的第一師、第二師、第三師、第十師、第十四
師、第二十師、第二十一師、第二十二師中初、
中級軍官行列中,均有第一期生之身影在其間。

從一九二〇年代中後期的北伐戰爭史情況看，第一期生最初的機遇與成長，是在一九二六年至一九二八年期間第一次和第二次北伐戰爭經歷中獲得的。這一時期第一期生所面對的戰爭考驗或戰場磨礪，主要是在與北方軍事集團武裝力量的戰爭中實現的。

可以說，這段時期是第一期生必然經受並必須挺住的「戰爭機遇期」，無論歷史如何評說第一期生之整體表現或功過，他們從此在國民革命軍中崛起和壯大，並打下了牢固基礎，因此毋庸置疑，國民革命軍主力是由黃埔軍校第一期生為發端的，第一期生之歷史作用與深遠影響亦在其中．

The eastern expedition was the first real war for the Huangpu graduates, defeating the enemy's picked troop of 20,000 soldiers and officers with a force of only 3,000 'military students', thus demonstrating fully the 「Huangpu spirit」 and power.

棉湖大捷，
一戰成名

東征，是黃埔校軍打的第一場真正的戰爭，他們以三千兵力擊敗敵人兩萬精銳之師，打出了「黃埔精神」的威風。

一九二五年二月，何應欽率領黃埔軍校教導第一
團（初級指揮員絕大多數為黃埔軍校第一期
生），參加第一次東征作戰。

二月十五日，何應欽親自指揮教導第一團參加對
淡水城的主攻，在粵軍第二師（師長張民達，參

謀長葉劍英）及教導第二團（團長王柏齡）協同
配合下，攻克城高牆厚的淡水城，俘敵七百多
人，繳獲步槍五百九十餘支，機關槍五挺，子彈
數萬發。黃埔學生軍獲得參戰第一仗的勝利，這
是一場硬仗，因此對於黃埔學生軍意義非凡。

一九二五年三月，廣州國民政府由許崇智任總司
令，廖仲愷為黨代表，蔣介石任前線總指揮，組
織發起對陳炯明部粵軍的第一次東征討伐作戰。
東征軍右路參戰部隊主要有：由黃埔學生軍組成
的教導第一團、第二團，粵軍第二師、粵軍獨立
第七旅（旅長許濟，該旅欠一團兵力）等部。黃
埔軍校教導第一團是該役攻堅主力軍，何應欽任
團長的教導第一團其時滿員為一千九百餘名官
兵。

孫總理紀念碑

一九二五年三月十二日，何應欽率教導第一團進
駐在廣東省揭陽（揭西）縣與普寧縣交界的棉湖
地區。三月十三日，陳炯明部粵軍第一軍黃任

寰、王定華等部已先到棉湖西面和順一帶，占據
有利地形，且兵力強於東征軍十倍以上。其時，
東征軍以黃埔軍校教導團第一團（何應欽）正面
攻打大功山林虎部；第二團（錢大鈞）由梅塘攻
打鯉湖劉志陸部；粵軍第七旅由塔頭繞攻和順右
側，形成先掃除外圍小股敵人，後形成三面包圍
的態勢。

三月十三日清晨，教導一團在新塘村與敵遭遇，
展開激戰，而正面敵軍多其近十倍。何應欽指揮
全團三個營的兵力投入戰鬥，命令第一營為前
鋒，向敵正面進攻，第三營向敵左側背攻擊，第
二營為預備隊殿後。敵軍借人多勢眾，將第一營
包圍，何應欽親臨指揮第一營官兵沉著應戰，以
至用刺刀肉博，但因寡不敵眾，傷亡頗多，何應
欽急令預備隊第二營拚死向敵衝鋒，並命令以陳
誠為連長的砲兵連向敵陣開炮，終將敵暫時擊退。

上午，敵又糾集兵力圍攻教導團，敵軍一度進攻
到何應欽所在的團指揮部僅兩百多米處，形勢十
分危急。何應欽即指揮留守團部的特務連奮勇反
擊，戰鬥相持一晌。午後，負責左側攻敵的第三
營被敵包圍，何應欽一面即令學兵連增援，集合
團部所有工作員，包括警衛、勤務兵、伙伕都投
入戰鬥；一面設起空城計，命令士兵在陣地周圍
插遍東征軍的旗幟，迷惑敵軍，又命砲兵將剩餘
的砲彈猛烈射擊。

戰鬥持續到傍晚，所幸擔負抗擊鯉湖之敵的教導第二團趕來和順增援，直接攻擊敵軍司令部，敵軍受前後夾擊，大敗而走。這一仗，黃埔軍校校軍傷亡超過二分之一，如何應欽所率第一團第三營黨代表三名連長二死一傷，排長九人中七死一傷，三百八十五名士兵僅餘一百一十一人。

該役由教導第一團、第二團以三千多兵力擊潰陳炯明部粵軍兩萬精銳部隊，堪稱軍事史上以少勝多典範戰例。此次戰役在我國軍事史上稱「棉湖戰役」，是第一次東征中最激烈的一次戰役。蔣介石在戰鬥危急關頭曾對何應欽說：「必須想辦法挽回局勢，我們不能後退一步，假如今天在此地失敗了，我們就一切都完了，再無希望返回廣州了，革命事業也得遭到嚴重的挫折。」

棉湖戰役指揮官何應欽稱：「此次戰鬥，為時雖不過一日，但戰鬥之慘烈，實近代各國戰爭所少見，其關係革命成敗亦最巨。」戰後次日總結會

上，親臨棉湖戰役的蘇軍首席顧問加倫將軍指出：「昨天棉湖戰役的成績，不獨在中國所少見，即在歐洲世界大戰爭中亦不能看到，由此可以告訴我們同志，中國革命可以成功，一定可估勝利，因為教導第一團能如此奮鬥。這次的勝利，不能不說是官長的指揮適當，這樣好的軍隊，這樣好的官長，將來革命可以成功，我代表俄國同志致一番慶祝的敬意。敬祝何團長萬歲!」

接著，蔣介石向校軍官兵訓話：「剛才加倫將軍的訓誡，對於第一團評說是如此奮勇的軍隊在世界上是很少的，我們教導第一團能夠得如此的褒獎，本校長亦與有榮。我們教導團自從黃埔出發，到了今天已經打了很多仗，只有進沒有退的，在外國人的評價中，不獨俄國同志如此，就是反對我們的帝國主義如英美日法新聞亦稱我們勇敢，真不愧為革命軍。」

此役主要指揮官何應欽也因棉湖大捷一戰成名，
是其畢生得意樂道的勝仗。此後每年三月十三日
棉湖大捷紀念日，他都出面邀集參加此役黃埔學
生餐聚慶賀，此舉一直沿襲至晚年，幾十年從無
間斷。

一九七五年春，台灣的黃埔將帥發起棉湖大捷五
十週年紀念活動，還專門編輯和印刷了《棉湖大

捷五十週年紀念特刊》，顧祝同題詞：「棉湖戰
役五十週年紀念——有武昌之役（辛亥革命武昌
起義）而後有中華民國之誕生，有棉湖之役而後
有國民革命之發揚」，錢大鈞題詞：棉湖大捷是
「成功基礎」，由此可見棉湖戰役對國民革命乃
至中國國民黨生死存亡的重要意義，在台灣與旅
居海外的部分黃埔軍校第一期生紛紛撰文、題
詞、作詩，紀念這個對於中國國民黨和國民革命
軍不平凡的日子。

政治部

政治部

Political Department

负责政治教育训练，设指导、编纂、秘书股，后改为总务、宣传、党务科。戴季陶、邵元冲、周恩来、熊雄等先后担任主任。1925年4月周恩来任政治部主任兼军法处长。

The Political Department was in charge of political education and training. This department comprised of the Instruction, Compilation, and Secretary Sections, which later on were changed to the General Affairs, Propagation, and Party Affairs Sections. Dai Jitao, Shao Yuanchong, Zhou Enlai and Xiong Xiong served as the Director of this department in different periods. Zhou Enlai served as Director of the Political Department and Director of Military Law Section in April, 1925.

While singing the academy song of "On raging billows, with the Party banner flying in the wind, we are here at revolutionary Huangpu", Huangpu graduates participated in the northern expedition and bravely fought bloody battles for the revolutionary ideal.

飲馬長江，
直搗黃龍

黃埔學生高唱著校歌：「怒潮澎湃，黨旗飛舞，這是革命的黃埔！」投身到北伐戰爭中去，為理想浴血奮戰。

黃埔校軍訓練地

為了實現孫中山的遺願，統一中國，一九二六年七月九日，國民革命軍在廣州東較場舉行北伐誓師大會，參加大會的有黨、政、軍要人和工、農、商、學、兵各界群眾五萬餘人，國民黨中央執行委員會和國民政府委員何香凝、林祖涵、吳稚暉、張靜江、甘乃光、鄧穎超、楊匏安、彭澤民、許蘇魂、陳公博、譚延闓、孫科、宋子文、鄧澤如、陳友仁、古應芬、陳樹人等出席了大會。

國民政府代理主席譚延闓、國民黨中央監察委員吳稚暉分別向蔣介石授印、授旗，蔣介石宣誓就

職。宣誓畢並致答詞，並舉行閱兵式。閱兵式由李濟深任總指揮。蔣介石發表《北伐宣言》，蔣介石以國民革命軍總司令名義，宣告北伐戰爭正式開始。國共兩黨共同進行的北伐戰爭，由此揭開序幕。

同一天，黃埔軍校第四期也在東較場舉行畢業典禮。劉志丹、伍中豪、趙尚志、謝晉元、林彪、唐生明、張靈甫、胡璉等兩千六百多名學員手捧誓詞，莊嚴宣誓：「不愛錢，不偷生。統一意志，親愛精誠，遵守遺囑，立定腳跟。為主義而奮鬥；為主義而犧牲。繼續先烈生命，發揚黃埔

精神。以達國民革命之目的；以求世界革命之完成。」禮畢，參加了閱兵儀式。

黃埔軍校全體國民黨員發表《擁護北伐宣言》：「本校特別黨部萬餘武裝黨員，均已磨刃拭戈，負槍荷彈以作後盾。義師所向，敵定披靡，將見武漢會師，燕京直下，吳賊（佩孚）可得而生擒，則中國之革命可望成功矣。」當晚，血花劇社舉行盛大的演出慰問北伐將士。

黃埔軍校的將士，唱著校歌，向著北方出發了：

怒潮澎湃，黨旗飛舞，
這是革命的黃埔！
主義須貫徹，紀律莫放鬆，
預備做奮鬥的先鋒！
打條血路，引導被壓迫民族！

八月三十一日，革命軍兵臨黃鶴樓下。九月初，
第四軍和第一、七軍各一部，對武漢三鎮發起總

北伐誓師

攻。於六日、七日分別占領漢陽、漢口。北軍龜縮於武昌，不敢出戰。八月二十五日，蔣介石正式宣布對贛用兵。湖北方面，留下第四軍和第八軍一個旅，對武昌實行長期封鎖。

直到十九日，武昌守軍開城突圍，兩軍短兵相接，奮力廝殺。北軍被逼回城內。十月三日再度突圍，又遭挫敗。十月九日，城內北軍鬥志瓦解，開城投降。革命軍浩浩蕩蕩開入城內，青天白日旗遂飄揚於武昌城頭。

九月六日，蔣介石先對江西下攻擊令。九月十日，革命軍第二軍魯滌平占領江西袁州，第二軍朱培德占領萬載，第六軍攻克修水，第七軍奉調武昌入江西攻九江。九月十二日，蔣介石命右翼軍總指揮朱增德全力猛攻南昌。

江西之戰，前期由朱培德指揮；九月二十四日以後，蔣介石赴江西前線，親自指揮。蔣介石在南

刊登在報紙上的《北伐宣言》

昌城外，躬蹈矢石，驅兵攻城，甚至一度被傳中彈身亡，足見當時戰況之慘烈。十月六日，蔣介石下達對北軍的總攻擊令，苦戰至十一月初，南潯路被完全廓清。

福建方面，九月十七日，第一軍軍長何應欽發表攻閩宣言，前身為黃埔校軍的蔣氏嫡系第一軍，大舉入閩，十月十三日在鬆口大破敵軍。十月十

九日，何應欽在鬆口就任東路軍總指揮。革命軍
十蕩十決，連克汀州、漳州、泉州、永泰、邵武
等地，福建全省，一舉平定。這仗打得出乎意料
的順利，蔣介石立即調整了部署，把東路軍分成
兩支，一支由何應欽率領，另一支由白崇禧率
領，分別向江浙地區挺進。

一九二七年二月十八日，第一軍第一師薛岳所部
占領杭州。由福建入浙的東路軍，也斬關落鎖，
連克溫州、永康。二月二十三日，何應欽與白崇
禧在杭州會師。三月二十一日，白崇禧占領上
海。三月二十四日，第六軍占領南京。

廣州人民舉行集
會歡送國民革命
軍北伐

黃埔軍校早期生最為集中的國民革命軍第一軍第
一師、第二師，以及由粵軍改編的第三師、第十
四師、第二十師、第二十一師、第二十二師均程
度不同地參加了北伐戰爭。由部分黃埔軍校早期
生構成初級軍官階層的國民革命軍第二軍（原湘
軍譚延闓部），在北伐戰事中，亦有所建樹。

在北伐戰爭兩湖戰場稱譽為「鐵軍」的國民革命
軍第四軍（軍長李濟深留守廣州，副軍長陳可鈺
隨軍參戰），該軍第十二師（師長張發奎）第三
十五團（團長繆培南）、第三十六團（團長黃琪
翔）以及獨立團（團長葉挺），在汀泗橋、賀勝

北伐軍與民眾聯歡

橋戰鬥中，發揮了黃埔精神，創造了黃埔軍人驍勇善戰的光輝戰績，譜寫了黃埔軍校生傳頌一時的動人故事。

國民革命軍第六軍（軍長先後為程潛、楊傑），該軍初級軍官也有一部分黃埔軍校早期生，在江西戰場立下戰功。

國民革命軍第七軍中的中央軍事政治學校第一分校學生，參加北伐戰爭中湖南、湖北、河南、安徽等省一些著名戰役。

國民革命軍第八軍（軍長唐生智）是以三湘子弟為主的子弟兵，有一部分中央軍事政治學校第三分校（長沙分校）學生，參加了兩湖戰場的一些著名戰役。

During the resistance war against Japanese aggression, Huangpu soldiers and officers shed their blood or laid down their lives advancing wave upon wave in mortal battles in order to safeguard the national territory and dignity.

黃埔軍人的
忠烈魂

在抗日戰爭中，黃埔軍人為捍衛國家領土與民族尊嚴，拋頭顱，灑熱血，前赴後繼，對日本侵略者進行了殊死抵抗。

一九三二年一月，日本侵略軍為了轉移國際視線，配合偽滿洲國的成立，在上海挑起了一場武裝衝突。一月二十七日，日軍海軍陸戰隊分成四輛鐵甲車，由北四川路緩緩開出，駛入天通庵車站。然後由此向天通庵路、同濟路推進。當時駐防在淞滬線上的第十九路軍奮起抵抗，爆發了震驚世界的「一‧二八」淞滬抗日戰爭。

以部分黃埔軍校前六期生為師、旅、團級主官的國民革命軍陸軍第五軍，也參加了淞滬抗戰。這

支部隊主要是以中央陸軍軍官學校教導總隊所轄
的陸軍第八十七師和八十八師為應戰而組建的，
軍長由著名的愛國將領張治中擔任，其中師長、
旅長等主要軍官基本上為第一期生，第二至五期
生依次為旅、團、營、連長。此外還有部分在第
十九路軍服務的黃埔軍校生，也隨部參加了淞滬
抗戰。

十九路軍和第五軍在上海一直堅守到三月一日才
撤出戰場。在「一・二八」淞滬抗戰中，十九路
軍陣亡將士多達二千四百多人；第五軍中計官長
（排長以上軍官）陣亡八十三名，受傷二百四十
二名，失蹤二十六名；士兵陣亡一千五百三十三
名，受傷二千八百九十七名，失蹤五百九十九
名；合計五千三百八十名。戰鬥之慘烈，犧牲之
巨大，從短時期單個戰鬥來說也是少有的。第一
期生將校，在這次著名戰役所發揮的重要作用和
影響也是有目共睹的，「一・二八」淞滬抗日戰
爭的英雄業績也因此而永載史冊。

在廣州先烈路上，有一座十九路軍墳園，裡面聳立著一尊士兵塑像：一名肩托步槍，背繫斗笠，打著綁腿的士兵銅像，雄姿英發，守立在紀功坊前——這就是在淞滬抗戰中犧牲的無名英雄像。它不僅僅是為了紀念十九路軍的犧牲將士，也為了紀念第五軍的犧牲將士，包括所有為國捐軀的黃埔忠烈將士。

墳園的建築，由建築師楊錫宗設計。墓園中央聳立著高約二十米，用花崗岩砌成的圓柱形紀功坊，墳園內的「抗日陣亡將士題名碑」上，只刻著一千九百五十一個名字，那些查不到名字的犧牲者，就成了可歌可泣的無名英雄了。

春風秋月，歲月無痕，但英雄永遠不死，無名英雄銅像象徵著不屈不撓的民族精神，傲立於天地之間。銅像前臥伏著四隻銅獅，拱欄基上擺放著八隻銅鼎。墓地裡整齊地排列著一副副水泥棺，讓親臨現場的人，無不深感震撼。

當年的士兵銅像、銅獅和銅鼎，在日軍侵占廣州
期間，都被拆毀殆盡，不知所蹤了，現在所見是
一九九一年由廣州市政府根據歷史資料，按原貌
重鑄的。

The instructors and students at Huangpu followed Sun Yat-sen's instructions and kept in mind their responsibility to safeguard the nation and even devote their lives where necessary. Such Huangpu spirits were handed down continuously from one generation to the next in Chinese history, with high credit-standing.

黃埔精神，
歷久彌新

黃埔師生秉承孫中山教導，
謹記獻身報國責任，使黃埔
精神代代相傳、生生不息，
譜寫了中華史冊上世代留芳
的壯麗詩篇。

從一九八〇年代中期開始，黃埔軍校在過往歷史
的風采與軼事，逐漸為世人所瞭解和認識。黃埔
軍校作為現代中國著名軍校，以其稱譽世界、長
存中國之軍事魅力，引發了廣大讀者與熱心史事
者的無盡話題。

何謂「黃埔精神」，就是以黃埔軍校師生在黃埔
建校、建軍和投身革命戰爭過程中，弘揚愛國愛

民、團結合作、勇敢無畏精神為主要特徵。「黃埔精神」不僅為黃埔軍人所認同，還成為革命軍人克敵制勝的精神力量，黃埔軍校因「黃埔精神」發揚光大而聞名天下、傳播四海，是那個時代的「民族精神」。時至今日，「黃埔精神」仍是振興中華和民族復興的精神力量。這就是「黃埔精神」歷久彌新的緣由所在。

「黃埔精神」以其特有魅力，形成現代中國一代軍事菁英群體。縱觀大革命時期的黃埔軍校，集中體現了這一中華民族軍事菁英群體之精神歷程，由孫中山倡導的北伐國民革命運動和中國共產黨早期領導人在廣東的革命實踐，共同開啟了現代中國最具革命意義的軍事教育與政治訓練相結合的有益嘗試，對於國共兩黨建軍理論和治軍路線的確立，均有過程度不同的影響與作用。

通常冠以「革命」的英雄主義，在今天的世界上仍舊具有意義深廣的含義。英雄這兩個字，在世

界每個角落都是大寫的，英雄往往與民族精神的傳承緊密相連。沒有自己值得崇敬的英雄的軍隊，是一支缺乏士氣的軍隊，是不可能打勝仗的軍隊。沒有革命意義上的英雄主義、民族尚武主義精神的軍隊，是一支沒有靈魂的軍隊！一支軍隊尚且如此，一個國家更是如此。

儘管在歷史上對「英雄」的解釋各有不同，儘管並非每個前六期生都是「英雄」抑或「菁英」化身，但當「英雄」作為群體蘊含著為民族、為正義、為了真理而奮鬥獻身，則是毋庸置疑的。只要是為了中華民族和社會進步，為了國家和真理而犧牲的，我們都將他們奉為「時代英雄群體」，我們都會緬懷和紀念他們！

對於一九二〇年代國民革命和中華民族偉大的抗日戰爭，對於在中國共產黨民族統一戰線旗幟和國共合作基礎上取得的成功經驗，對於由全民族各階層廣泛參與的民族解放戰爭，我們都要認真

地加以總結和頌揚。以黃埔軍校歷期生為代表的
「黃埔精神」，正是屬於那個時代「民族精神」
的具體表現，是推動中華民族與社會進步的「英
雄群體」。

一九二〇年代初中期的社會形態顯示，中國國民
黨改組與中國共產黨的成立相距僅為三年，兩者
引發的時代背景和歷史契機幾乎是大同小異，代
表了當時社會多種政治力量聯盟的中國國民黨，
自一九二四年改組後其黨員主體為知識分子，知
識分子當中又主要為青年學生。青年學生歷來被
認為是最革命和最能奮鬥的社會群體，將此援引
至黃埔軍校前六期生的構成，亦是大同小異。前
六期生成為國共兩黨競相爭奪的軍事人才，也是
情理之中和勢所必然。

如同前人所概括：「人物是歷史的鏈條」。黃埔
軍校的歷史，同樣是由每期學員的不俗表現構成
波瀾壯闊的黃埔軍校發展史。生存於時代空間的

每一個體人，也如同歷史長河一滴水。每一黃埔學生，彙集到現代軍事歷史之大江大河之中，不過是微不足道的一滴水；然而，正是由無數這樣的一滴水，匯流而成洶湧澎湃、氣壯山河的北伐抗戰鐵流。水可衝破一切阻力，水可揚清蕩濁，水可承載艦船隨波逐流。

我們每個人，其實都是歷史長河的一滴水，這滴水只有彙集到歷史的長河中，才能有所作為。水可以蒸發為霧，升騰為雲，飛降為雨，飄灑為雪，凝固為冰，冰雪消融，復歸原本歷史的狀態，又是江河中之一滴水。水的每一種狀態，都具至善之性，水無論處於何種狀態，都有其精彩。如兵法中所言：水無常形，兵無常勢。曾經承載與牽引現代軍事歷史鏈條的黃埔名人，也猶如「歷史長河一滴水」，正是我們史學研究所求，願景所至，是黃埔軍校演進歷程之真實寫照。

黃埔軍校無疑是中華民族現代軍事（軍校）歷史人文瑰寶，是國共兩黨第一次合作時期政治、軍事發展的共同財富和發源地。從黃埔軍校走出來的國共兩黨「軍事菁英」及其武裝力量，是海峽兩岸國民革命、北伐戰爭、抗日戰爭艱苦歲月的命運共同體，源自黃埔軍校的軍事、政治、社會、人文文化，同時又是海峽兩岸的連接紐帶和橋樑。

作為中華民族文明文化傳承的一部分，在海峽東岸的寶島台灣，黃埔軍校存史檔案資料何嘗不是海峽兩岸共同財富？黃埔軍校研究涉及國共合作、軍事發展、社會政治生活以及眾多著名歷史人物，可說是一部濃縮的二十世紀中國革命史，黃埔軍校研究同時極具中華民族現代軍事歷史底蘊。

「黃埔精神」與「黃埔軍校熱」，是植根於中華民族現代軍事史發展過程之中，立足於現代中國

傳統軍事學術理論，蘊涵厚重的中華民族軍事文化遺產。史載與民間記憶著許許多多關於「黃埔軍校歷史與人物」傳說與故事，可見「黃埔軍校」有其獨特魅力和源遠流長，自然有著深厚軍事學術與文化底蘊。因此說，具有「黃埔軍校學」文化話語氛圍的人群形成了經久不衰的「黃埔軍校熱」是毫不誇張的。此外，「黃埔軍校學」，還是現代中國軍事學術史及軍事教育史的一門「顯學」，在現代軍事學術研究方面，隨著時光的推移受到越來越多的關注與重視，這是顯而易見的。

廣東是一九二〇年代孫中山倡導發起的國民革命
運動策源地，由此廣州亦是黃埔軍校創始、興盛
以及國共兩黨軍事人才茁壯成長的根據地。

黃埔軍校大部分建築物於一九三八年被日軍飛機
炸毀。一九六五年，廣州市對其做了一次較大修
繕，基本恢復原貌。一九八四年，建立黃埔軍校

舊址紀念館。一九九六年，廣州市政府按「原
位、原尺度、原面貌」原則進行了重建，六月十
六日奠基，十一月十二日落成，面積一點〇六萬
平方米，耗資二千餘萬元，復原了孫中山、廖仲
愷、周恩來及教授、教練、管理、軍需、軍醫各
部的辦公室，課室，師生的飯堂，寢室，等等。

一九九五年，黃埔軍校舊址紀念館被評為廣州市
愛國主義教育基地之一。二千年，又被評為廣東
省首批愛國主義教育基地之一。現有軍校正門、
校本部、孫總理紀念碑、中山故居、俱樂部、游

泳池、東征烈士墓、北伐紀念碑、濟深公園、教
思亭等十幾處建築。

一九八四年六月十六日，經中共中央批准，成立
黃埔軍校同學會。這是由黃埔軍校同學組成的愛
國群眾團體，其宗旨是：發揚黃埔精神，聯絡同
學感情，促進祖國統一，致力振興中華。黃埔軍
校同學會自成立以來，發揮橋樑和紐帶作用，團
結海內外廣大黃埔同學發揚愛國革命的黃埔精
神，為祖國的繁榮富強，為海峽兩岸之間的交
流、往來，做了大量有益的工作。黃埔軍校同學
會的會長寄語海內外全體黃埔同學：

黃埔軍校創辦於一九二四年。當年，孫中山先生
在中國共產黨和蘇聯的幫助下，在廣州黃埔長洲
島創辦了陸軍軍官學校，故通稱黃埔軍校。軍校
創辦以來，培養了數以萬計的軍事和政治人才，
被譽為中國將帥的搖籃。歲月匆匆，風雨滄桑，
八十多年來，海內外廣大黃埔師生秉承中山先生

的教導，謹記獻身報國之責任，使黃埔精神代代
相傳、生生不息，譜寫了中華史冊上世代留芳的
壯麗詩篇。

嶺南文庫 A0702A08

嶺南文化十大名片：黃埔軍校

主　　編　林　雄
編　　著　陳予歡
版權策畫　李　鋒

發 行 人　陳滿銘
總 經 理　梁錦興
總 編 輯　陳滿銘
副總編輯　張晏瑞

出　　版　昌明文化有限公司
桃園市龜山區中原街 32 號
電話 (02)23216565

印　　刷　百通科技股份有限公司
發　　行　萬卷樓圖書股份有限公司
臺北市羅斯福路二段 41 號 6 樓之 3
電話 (02)23216565
傳真 (02)23218698
電郵 SERVICE@WANJUAN.COM.TW
大陸經銷　廈門外圖臺灣書店有限公司
電郵 JKB188@188.COM

ISBN 978-986-496-216-7

2019 年 7 月初版二刷
2018 年 1 月初版一刷
定價：新臺幣 220 元

如何購買本書：

1. 轉帳購書，請透過以下帳戶
　 合作金庫銀行 古亭分行
　 戶名：萬卷樓圖書股份有限公司
　 帳號：0877717092596

2. 網路購書，請透過萬卷樓網站
　 網址 WWW.WANJUAN.COM.TW

大量購書，請直接聯繫我們，將有專人為您
服務。客服：(02)23216565 分機 610

如有缺頁、破損或裝訂錯誤，請寄回更換
版權所有·翻印必究
Copyright©2016 by WanJuanLou Books CO., Ltd.
All Right Reserved　　　　**Printed in Taiwan**

國家圖書館出版品預行編目資料

嶺南文化十大名片：黃埔軍校 / 林雄主編.--
初版.-- 桃園市：昌明文化出版；臺北市：
萬卷樓發行, 2018.01
　面；　公分
ISBN 978-986-496-216-7(平裝)
1.黃埔軍校 2.歷史 3.史料
596.71　　　　　　　　　　　107002000

本著作物經廈門墨客知識產權代理有限公司代理，由廣東教育出版社有限公司授權萬
卷樓圖書股份有限公司出版、發行中文繁體字版版權。
本書為金門大學產學合作成果。　　　　　　　校對：陳裕萱／華語文學系二年級